U0358989

MathStart®
洛克数学启蒙④

哇！
好吃！
讨厌！
号！
唉。
嗯……
哦！
啊……

哇！
好吃！
讨厌！
哼！
唉。
嗯……
哦！
啊……

也许是开心果

[美]斯图尔特・J. 墨菲　文　　[美]玛莎・温伯恩　图　　静博　译

海峡出版发行集团 THE STRAITS PUBLISHING & DISTRIBUTING GROUP | 福建少年儿童出版社 FUJIAN CHILDREN'S PUBLISHING HOUSE

纪念M. E. M，和童年时我们多次为吃开心果冰激凌而紧急停车的经历。

——斯图尔特·J. 墨菲

图书在版编目（CIP）数据

洛克数学启蒙. 4. 也许是开心果 / (美) 斯图尔特·J.墨菲文；(美) 玛莎·温伯恩图；静博译. -- 福州：福建少年儿童出版社，2023.9
ISBN 978-7-5395-8248-1

Ⅰ. ①洛… Ⅱ. ①斯… ②玛… ③静… Ⅲ. ①数学－儿童读物 Ⅳ. ①O1-49

中国国家版本馆CIP数据核字(2023)第074658号

LUOKE SHUXUE QIMENG 4 · YEXU SHI KAIXINGUO
洛克数学启蒙4 · 也许是开心果

著　　者：[美]斯图尔特·J. 墨菲　文　[美]玛莎·温伯恩　图　静博　译
出 版 人：陈远　出版发行：福建少年儿童出版社　http://www.fjcp.com　e-mail:fcph@fjcp.com　社址：福州市东水路76号17层（邮编：350001）
选题策划：洛克博克　责任编辑：邓涛　助理编辑：陈若芸　特约编辑：刘丹亭　美术设计：翠翠　电话：010-53606116（发行部）　印刷：北京利丰雅高长城印刷有限公司
开　　本：889毫米×1092毫米　1/16　印张：2.5　版次：2023年9月第1版　印次：2023年9月第1次印刷　ISBN 978-7-5395-8248-1　定价：24.80元

也许是开心果
哦……
也许不是。

那天是星期一，所有一切都不顺心。
闹钟根本没响。

我怎么也找不到那双
特别喜欢的球鞋。

我不小心被我的狗狗海盗
绊了一跤，膝盖磕得好痛。

还有，今天轮到爸爸准备午餐。

如果是妈妈准备午餐，星期一很可能会吃熏牛肉。熏牛肉可是这个世界上我最喜欢吃的食物。可是如果换成爸爸准备午餐，那你永远不知道会吃到什么，可能是火腿加奶酪，也可能是花生酱加果冻，甚至还有可能是金枪鱼。

我真的很讨厌金枪鱼。

快点，杰克。
校车到了！
谢谢爸爸，
我喜欢吃金枪鱼。

到了学校，我满脑子想的都是熏牛肉。这时，我想起艾玛几乎天天都带熏牛肉三明治。上个星期，她只有周四没带熏牛肉。

数学课上，我的大脑开始飞速运转，一直想着艾玛的三明治，连老师叫我，我都没听见。还有，我又重新抄写了一遍作业，因为作业本被我弄湿了。

艾玛的午餐通常是：
星期一
熏牛肉
星期二
熏牛肉
星期三
熏牛肉
星期四
汤
星期五
熏牛肉
艾玛今天带的午餐很可能是熏牛肉……
但愿如此，但愿如此！
谁能告诉我3乘以7等于多少？
杰克？
杰克？
杰克！

终于等到了午餐时间，教室里只剩下一个挨着艾玛的座位。也许我要开始走好运了！

“要不要和我交换午餐？”我问艾玛，“我今天带了金枪鱼。”

“太棒了！”艾玛立刻说道，“我喜欢金枪鱼。”

肝泥香肠？！
你以前从没带过肝泥香肠呀！！
是啊。
因为今天的午餐是我爸爸准备的。

放学以后，我和我最好的朋友艾利克斯一起去踢足球。我喜欢踢足球，所以我觉得不会遇到什么糟糕的事情。

教练通常让我们通过“1、2，1、2”的报数方式来分组，然后把我们分成两组进行练习。每次只要确保我和艾利克斯之间隔着一个人，我们就能分在同一组。

可今天教练对大家说：“孩子们，今天我们来尝试些新方法。请你们按照‘1、2、3，1、2、3’的顺序报数，这样我们就能分成三个小组来练习踢球和传球。”

我想和克里斯交换位置，这样我就能和艾利克斯一组了。可是已经来不及了。

山姆 1
艾利克斯 2
桑迪 3
杰克 1
克里斯 2
潘妮 3
切克 1

哦，不要！今天我没法和艾利克斯在同一组了。

每次训练结束后，教练总是会请大家吃点小零食。今天，他在零食筐里放了椒盐脆饼和薄脆饼干，还有几袋爆米花。除了熏牛肉以外，爆米花是这个世界上我最爱吃的食物。

教练把零食筐端过来，让我们依次挑选。我看见艾利克斯拿了一袋爆米花，真希望轮到我的时候还有爆米花。

估计我拿不到
爆米花了，
不过还有希望！

椒盐脆饼
椒盐脆饼
椒盐脆饼
椒盐脆饼
椒盐脆饼
椒盐脆饼
椒盐脆饼
薄脆饼干
薄脆饼干
薄脆饼干
薄脆饼干
薄脆饼干
爆米花
爆米花
爆米花
爆米花
薄脆饼干
椒盐脆饼

等轮到我的时候，我还在期待能拿到爆米花。

“快点拿呀，杰克。”教练说。

我迅速地从筐里抓了一袋。

是椒盐脆饼！真是不敢相信！在这个世界上，除了金枪鱼和肝泥香肠，我最讨厌的食物就是椒盐脆饼了。

今天还会发生什么
糟糕的事情呢？
盐脆饼
我好喜欢爆米花。
哗哗

在回家的路上，我快饿晕了。早上因为赶时间，我就没吃上几口早饭。艾玛的肝泥香肠三明治我一口都没吃。椒盐脆饼也都留给海盗吃了。

当我踏进家门的那一刻，我闻到整间屋子都飘满了很像比萨的香味。我太开心了。除了熏牛肉和爆米花，比萨是这个世界上我最爱的食物。

爸爸站在厨房里，手里不停地搅拌着炉子上的一口大锅。

“今天我们吃比萨吗？”我问。

“你知道今天不是比萨之夜，”爸爸回答，“我在做意大利面和肉丸。”

我们为什么不能
偶尔吃一次熏牛
肉比萨呢？
海盗

妈妈在我摆放餐具的时候兴冲冲地走了进来。
“我有一个惊喜！”她说，“下班回家的路上，我路过了冰激凌店。”
“今晚的甜品就是冰激凌了！”丽贝卡兴奋地喊道，“太棒啦，妈妈。”

“我买了你爱吃的口味。”妈妈说。

“谁爱吃的？”我不敢肯定，但是妈妈没听见我说的话。丽贝卡最喜欢的是巧克力口味。不过，大家都知道我喜欢什么口味。在这个世界上，除了熏牛肉、爆米花和比萨，我最爱的食物就是开心果味的冰激凌。

妈妈走过来，从袋子里拿出一盒冰激凌。

“谢谢妈妈。”丽贝卡开心极了，“你太伟大了！”

我真希望这糟糕的一天赶紧结束。

“嘿，看看这是什么？”妈妈再一次把手伸进袋子里，说，“我想这里面应该还有一盒。你觉得会是什么口味呢？”

也许是开心果？！

这一次我猜对了！

事情终于有了转机。也许明天的午餐我就能吃到熏牛肉。

写给家长和孩子

《也许是开心果》所涉及的数学概念是概率：预测某一指定事件发生的可能性。学习如何做出合理的预测，可以帮助孩子学会分析数据，从而做出有依据的选择。

对于《也许是开心果》所呈现的数学概念，如果你们想从中获得更多乐趣，有以下几条建议：

1. 和孩子一起读故事，让他预测接下来会发生什么，以及他这样预测的原因。向孩子提出类似这样的问题："你觉得艾玛带的午餐是熏牛肉吗？你为什么这么想？"当孩子对概率有了一定的理解后，可以对他提出这样的问题："为什么杰克的预测没有成真？""如果杰克想让自己的预测更加准确，他可以问艾玛什么问题？"

2. 读完这个故事后，向孩子提问："如果艾玛每周只吃一次熏牛肉三明治，那么当杰克与她交换午餐时，还会期待吃到熏牛肉吗？"

3. 让孩子连续一周记录下学校午餐的供应情况，然后依此预测下周学校午餐的供应情况。

4. 让孩子试着判断一下，某些事件是极有可能发生、有可能发生还是不可能发生。可以建议他对下列事件的发生概率进行预测："你今晚会在8:30上床睡觉。""我们这个星期六都会去游泳。""你们班明天没有人会请假。"

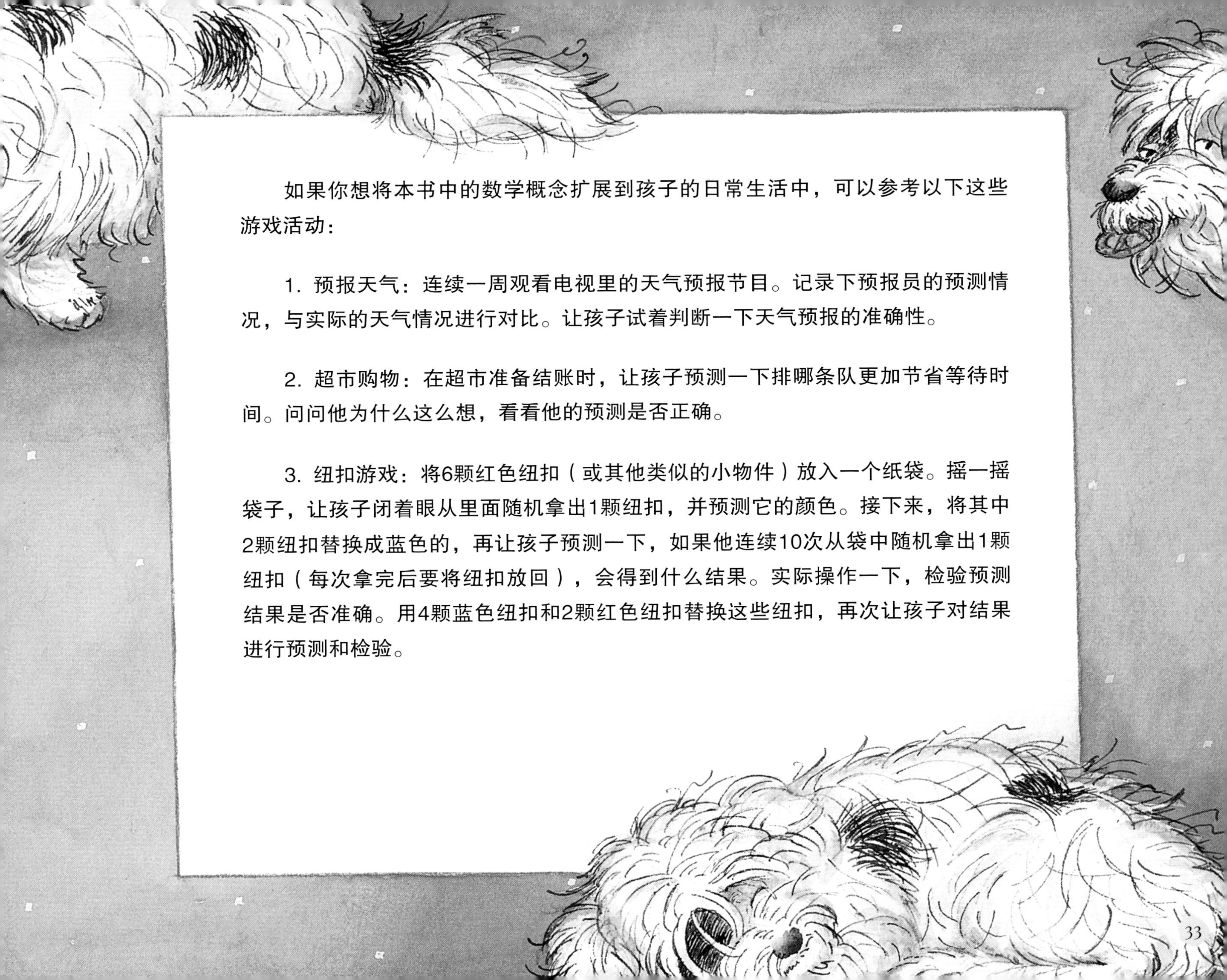

如果你想将本书中的数学概念扩展到孩子的日常生活中，可以参考以下这些游戏活动：

1. 预报天气：连续一周观看电视里的天气预报节目。记录下预报员的预测情况，与实际的天气情况进行对比。让孩子试着判断一下天气预报的准确性。

2. 超市购物：在超市准备结账时，让孩子预测一下排哪条队更加节省等待时间。问问他为什么这么想，看看他的预测是否正确。

3. 纽扣游戏：将6颗红色纽扣（或其他类似的小物件）放入一个纸袋。摇一摇袋子，让孩子闭着眼从里面随机拿出1颗纽扣，并预测它的颜色。接下来，将其中2颗纽扣替换成蓝色的，再让孩子预测一下，如果他连续10次从袋中随机拿出1颗纽扣（每次拿完后要将纽扣放回），会得到什么结果。实际操作一下，检验预测结果是否准确。用4颗蓝色纽扣和2颗红色纽扣替换这些纽扣，再次让孩子对结果进行预测和检验。

哇！
好吃！
讨厌！
哼！
唉。
嗯……
哦！
啊……

哇！
好吃！
讨厌！
哼！
唉。
嗯……
哦！
啊……

洛克数学启蒙

《虫虫大游行》	比较
《超人麦迪》	比较轻重
《一双袜子》	配对
《马戏团里的形状》	认识形状
《虫虫爱跳舞》	方位
《宇宙无敌舰长》	立体图形
《手套不见了》	奇数和偶数
《跳跃的蜥蜴》	按群计数
《车上的动物们》	加法
《怪兽音乐椅》	减法

《小小消防员》	分类
《1、2、3，茄子》	数字排序
《酷炫100天》	认识1~100
《嘀嘀，小汽车来了》	认识规律
《最棒的假期》	收集数据
《时间到了》	认识时间
《大了还是小了》	数字比较
《会数数的奥马利》	计数
《全部加一倍》	倍数
《狂欢购物节》	巧算加法

《人人都有蓝莓派》	加法进位
《鲨鱼游泳训练营》	两位数减法
《跳跳猴的游行》	按群计数
《袋鼠专属任务》	乘法算式
《给我分一半》	认识对半平分
《开心嘉年华》	除法
《地球日，万岁》	位值
《起床出发了》	认识时间线
《打喷嚏的马》	预测
《谁猜得对》	估算

《我的比较好》	面积
《小胡椒大事记》	认识日历
《柠檬汁特卖》	条形统计图
《圣代冰激凌》	排列组合
《波莉的笔友》	公制单位
《自行车环行赛》	周长
《也许是开心果》	概率
《比零还少》	负数
《灰熊日报》	百分比
《比赛时间到》	时间